# サイパー思考力算数練習帳シ
## シリーズ４６
# 体　積　　上

体積の意味から、立方体・直方体、○○柱、○○錐(すい)の体積の求め方まで

## 小数範囲：小数の四則計算が正確にできること
　　　　　台形・円などの面積が求められること
　　　　　逆算ができること

◆　本書の特長

１、図形の一分野である「体積」について、基礎から段階を踏んで詳しく説明しています。

２、自分ひとりで考えて解けるように工夫して作成されています。他のサイパー思考力算数練習帳と同様に、**教え込まなくても学習できる**ように構成されています。

３、体積とは何かから、直方体・立方体、○○柱、○○錐の求め方まで、基礎から中程度の応用問題まで詳しく説明しています。単位は cm（センチメートル）、c㎡（平方センチメートル）、c㎥（立方センチメートル）を用いています。Ｌ（リットル）など他の単位や、単位換算については、シリーズ３３「単位の換算　中」で学習して下さい。

◆　サイパー思考力算数練習帳シリーズについて

　ある問題について同じ種類・同じレベルの問題をくりかえし練習することによって、確かな定着が得られます。

　そこで、中学入試につながる文章題について、同種類・同レベルの問題をくりかえし練習することができる教材を作成しました。

◆　指導上の注意

①　解けない問題、本人が悩んでいる問題については、お母さん（お父さん）が説明してあげて下さい。その時に、できるだけ具体的なものにたとえて説明してあげると良くわかります。

②　お母さん（お父さん）はあくまでも補助で、問題を解くのはお子さん本人です。お子さんの達成感を満たすためには、「解き方」から「答」までの全てを教えてしまわないで下さい。教える場合はヒントを与える程度にしておき、本人が自力で答を出すのを待ってあげて下さい。

③　お子さんのやる気が低くなってきていると感じたら、無理にさせないで下さい。お子さんが興味を示す別の問題をさせるのも良いでしょう。

④　丸付けは、その場でしてあげて下さい。フィードバック（自分のやった行為が正しいかどうか評価を受けること）は早ければ早いほど、本人の学習意欲と定着につながります。

# もくじ

**体積の基礎**・・・・・・・・・・・・3
 例題1・・・・・・・3
 例題2・・・・・・・3
 例題3・・・・・・・6
 問題1・・・・・・・6
 例題4・・・・・・・7
 問題2・・・・・・・8

**直方体・立方体の体積**・・・・10
 例題5・・・・・・・10
 問題3・・・・・・・11

 テスト1・・・・・13

**柱の体積**・・・・・・・・・・・・17
 問題4・・・・・・・18
 例題6・・・・・・・19
 例題7・・・・・・・20
 問題5・・・・・・・21
 例題8・・・・・・・24
 問題6・・・・・・・25

 テスト2・・・・・27

**錐の体積**・・・・・・・・・・・・32
 問題7・・・・・・・32
 例題9・・・・・・・35
 問題8・・・・・・・35

 テスト3・・・・・38

**解答**・・・・・・・・・・・・・・・・41

# 体積の基礎

例題1、アとイとでは、どちらが体積（＝かさ＝奥行きのあるものの大きさ）が大きいでしょうか。

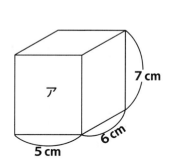
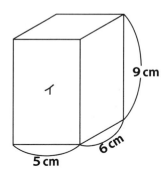

見れば分かりますね。答えはイです。

答、＿＿＿イが大きい＿＿＿


例題2、ウとエとでは、どちらの体積が大きいでしょうか。

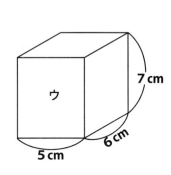
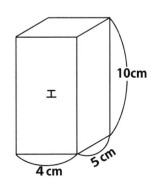

これは見ただけでは分かりませんね。

何か大きさを比べる時には、その基準となるものがなければいけません。

「サイパーシリーズ39面積　上」で学習したように、面積なら、たて1cm、よこ1cmの正方形を考え、それが何枚あるかではかりました。

体積をはかるときも、同じように何か基準となる大きさが必要です。

## 体積の基礎

　面積の基準を、たて1cm、よこ1cmの正方形で考えたように、体積の基準は、たて1cm、よこ1cm、高さ1cmのサイコロ形 ⬜ とします。

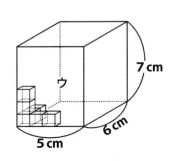
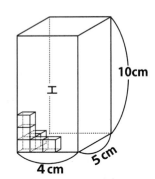

　ウはよこ5こ、たて6こ、高さ7こですから、全部で 5×6×7＝210こ。
　エはよこ4こ、たて5こ、高さ10こですから、全部で 4×5×10＝200こ。

　ウの方がエよりも ⬜ サイコロ形10こ分大きいことになります。

　　　　　　　　　　　　　　　　　　　答、＿＿ウが大きい＿＿

　この ⬜ サイコロ形は、たて1cm、よこ1cm、高さ1cmでした。このサイコロ形1この大きさを「1cm³」といいます。「cm³」は「立方センチメートル」と読みます。たて1cm、よこ1cm、高さ1cmの立方体の大きさ（かさ）を「1cm³　一立方センチメートル」といいます。

　上図ウの大きさ（かさ）は、1cm³のサイコロ形が210こあるので、210cm³となります。同じく、エの大きさ（かさ）は200cm³となります。

　大きさ（かさ）を、算数の用語では「**体積**」といいます。上図ウの体積は210cm³、エの体積は200cm³です。ウの体積の方がエの体積より10cm³大きい、といえます。

# 体積の基礎

★全ての面が長方形か正方形でできている立体を「**直方体**」といいます。
その中で、特に、全ての面が正方形だけでできている立体を「**立方体**」といいます。

## 直方体

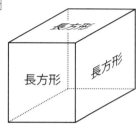 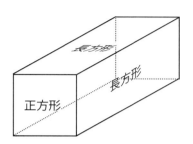

## 立方体

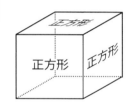

一般に、それぞれの長さを、下図のように「**よこ**」「**たて**」「**高さ**」と呼びます。

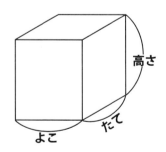

直方体も立方体も

　・面は６つ　　　　・辺は１２本　　　　・頂点は８つ

で

　・交わる面と面は垂直　　・向かい合う面と面は平行
　・交わる辺と辺は垂直　　・同じ面上で向かい合う辺と辺は平行

です。

## 体積の基礎

**例題3、** 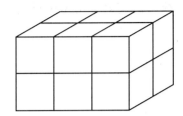 の立方体が1㎤の時、次の直方体の体積を求めなさい。

よこ3こ、たて2こ、高さ2この立方体がならんでいます。立方体は全部で　3×2×2＝12こ　ありますから、答えは　12㎤　となります。

答、＿＿＿12㎤＿＿＿

**問題1、** 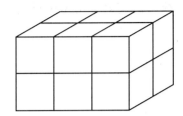 の立方体が1㎤の時、次の直方体の体積を求めなさい。

①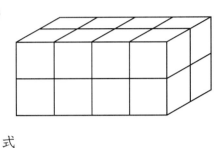

式

答、＿＿＿＿＿＿㎤

②

式

答、＿＿＿＿＿＿㎤

③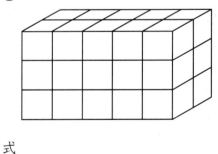

式

答、＿＿＿＿＿＿㎤

④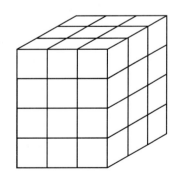

式

答、＿＿＿＿＿＿㎤

## 体積の基礎

例題4、□の立方体が1cm³の時、次の直方体の体積を求めなさい。

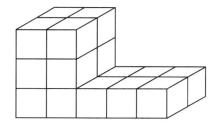

これまでのようにかけざんだけでは求めることができません。これぐらいの立方体の数ですと、1つずつ数えてもそんなにたいへんではありませんが、数が多くなると数えるだけで時間がかかります。うまく計算で求める方法はないでしょうか。

方法1、下図のように、2つに分けて考えます。

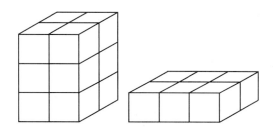

左の方は　2×2×3＝12こ
右の方は　3×2×1＝6こ
正方形の合計は　12＋6＝18こ

答、　　18cm³

方法2、下図のように、別の分け方で、2つに分けて考えます。

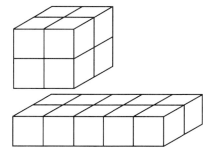

上の方は　2×2×2＝8こ
下の方は　5×2×1＝10こ
正方形の合計は　8＋10＝18こ

答、　　18cm³

方法1も2も、にたような方法ですね。どちらか1つの方法を覚えておけば、その時々で、自分の分かりやすい方法で分けて考えられます。
また、3つ以上の直方体に分けて考える方法もありますが、分ければ分けるほど計算の式がふえますので、上図の場合は2つに分けるのが良いでしょう。

さらに、もう1つ方法があります。

## 体積の基礎

方法３、直方体から直方体を引く。

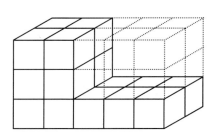

点線の部分をふくめると、ちょうど直方体になります。

この直方体にある ▱ は　５×２×３＝３０こ

また、点線の部分には　　３×２×２＝１２こ

直方体（全体）から点線の部分を引けば求める部分になるので　３０－１２＝１８こ

答、＿＿＿１８cm³＿＿＿

問題２、　小さい立方体が１cm³の時、次の形の体積を求めなさい。

①

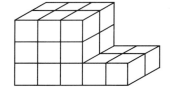

式・考え方

答、＿＿＿＿＿＿cm³＿＿

②

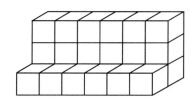

式・考え方

答、＿＿＿＿＿＿cm³＿＿

## 体積の基礎

③

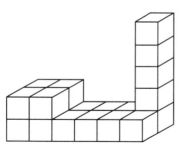

式・考え方

答、＿＿＿＿＿＿＿ cm³

④

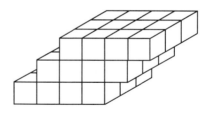

式・考え方

答、＿＿＿＿＿＿＿ cm³

⑤

前面のまん中から後面のまん中へ、穴がつきぬけています。

式・考え方

答、＿＿＿＿＿＿＿ cm³

⑥

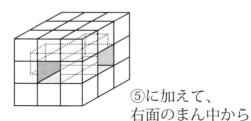

⑤に加えて、右面のまん中から左面のまん中へ、つきぬけています。

式・考え方

答、＿＿＿＿＿＿＿ cm³

## 直方形・立方体の体積

**例題5、** よこ3cm、たて2cm、高さ2cmの直方体の体積は、何cm³でしょうか。

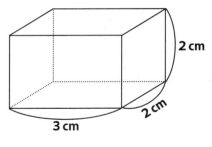

これまでのように、よこ1cm、たて1cm、高さ1cmの □ が何こ入るかを考えれば解けます。
この直方体は、P6の例題3と同じものです。
よこ3こ、たて2こ、高さ2こですから
3×2×2＝12こ　　12cm³　となります。

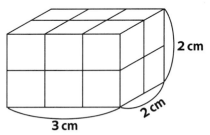

しかし、いちいち □ を書いていてはたいへんですね。もっとかんたんに求める方法はないでしょうか。

下の図のように、よこ1列、たて1列、高さ1列の □ の数がわかれば、あとは計算で求められました。
　この直方体は、よこ3cmです。□ はよこ1cmですから、□ はよこに3こならぶことは、すぐに分かります。

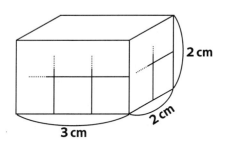

同じく、たて2cmには □ が2こならび、高さ2cmには □ が2こならぶことが分かります。
　つまり、直方体のよこ、たて、高さの長さは、それぞれ □ のならぶ数を表していることになります。したがって、よこ、たて、高さの長さ（cm）をかけ算すれば、その直方体にならぶ □ の数を表していることになり、その直方体の体積が求められたということになります。

**直方体の体積（cm³）の求め方：よこ（cm）たて（cm）×高さ（cm）**

もちろん立方体の体積も、同じ方法で求められます。

例題5の答、　　12cm³

## 直方体・立方体の体積

**問題３、** 次のそれぞれの体積を求めなさい。

①、よこ３cm、たて４cm、高さ５cm の直方体

式

答、＿＿＿＿＿＿ cm³

②、よこ５cm、たて２cm、高さ９cm の直方体

式

答、＿＿＿＿＿＿ cm³

③、一辺が８cm の立方体

式

答、＿＿＿＿＿＿ cm³

（以下、角は全て直角です。長さの比率は正確ではありません。）

④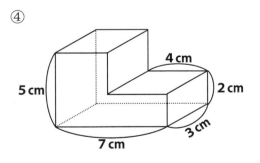

⑤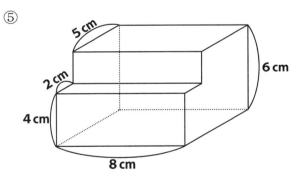

式

式

答、＿＿＿＿＿＿ cm³

答、＿＿＿＿＿＿ cm³

# 直方体・立方体の体積

⑥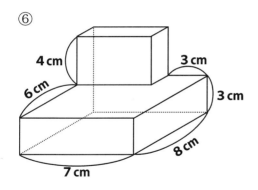

式

答、＿＿＿＿cm³

⑦ 穴が空いています

式

答、＿＿＿＿cm³

⑧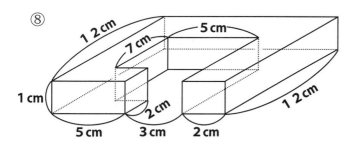

式

答、＿＿＿＿cm³

# テスト1　直方体・立方体の体積テスト

テスト1－1、小さい立方体 が1㎤の時、次の立体の体積を求めなさい。

①（6点）

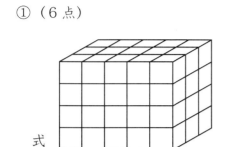

式

答、＿＿＿＿＿㎤

②（6点）

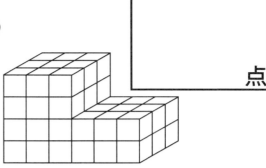

式

答、＿＿＿＿＿㎤

③（6点）

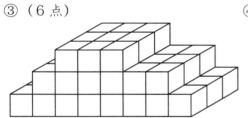

式

答、＿＿＿＿＿㎤

④（7点）

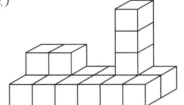

式

答、＿＿＿＿＿㎤

# テスト1　直方体・立方体の体積テスト

⑤（7点）穴がつきぬけています

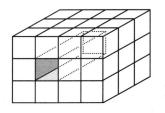

式

答、_____ cm³

⑥（7点）穴がつきぬけています

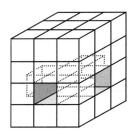

式

答、_____ cm³

⑦（7点）

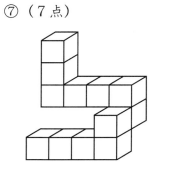

式

答、_____ cm³

# テスト1　直方体・立方体の体積テスト

テスト1－2、次のそれぞれの体積を求めなさい。

①、よこ5cm、たて3cm、高さ8cmの直方体。（6点）
式



答、＿＿＿＿＿cm³

②、一辺が9cmの立方体。（6点）
式



答、＿＿＿＿＿cm³

（以下、角は全て直角です。長さの比率は正確ではありません。）

③（7点）

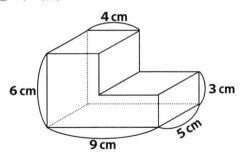

④（7点）

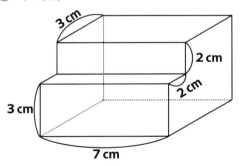

式

式

答、＿＿＿＿＿cm³

答、＿＿＿＿＿cm³

# テスト1　直方体・立方体の体積テスト

⑤（9点）

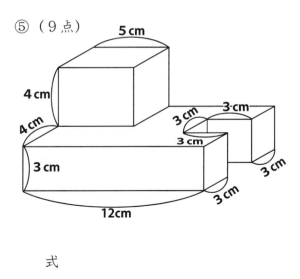

式

答、＿＿＿＿＿cm³

⑥（9点）穴があいています

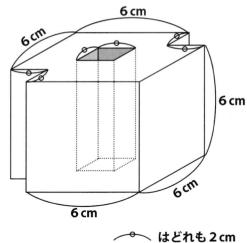

○─○ はどれも2cm

式

答、＿＿＿＿＿cm³

⑦（10点）

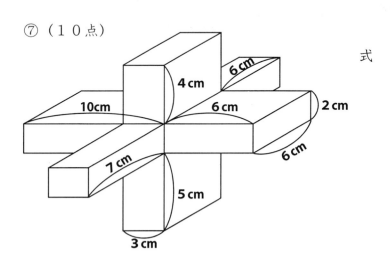

式

答、＿＿＿＿＿cm³

# 柱の体積

★下の図のような形を、それぞれ「…柱」とよびます。

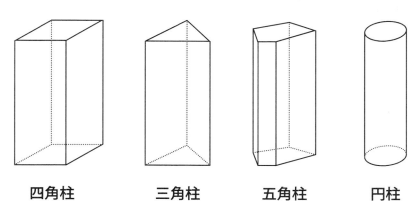

ぞれぞれ ■ の部分を「底面」とよび、「底面」の形から「…柱」とよびます。

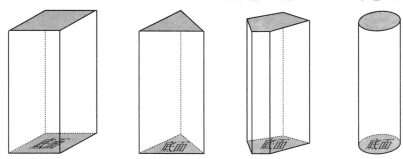

底面が四角形なら「四角柱」、三角形なら「三角柱」、円なら「円柱」となります。

直方体や立方体は、四角柱の一つです。

立方体も四角柱の１つ！

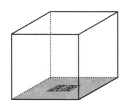

## 柱の体積

問題4、次のそれぞれの形が、「…柱」ならその名前を書き、「…柱」でないなら、×印を書きましょう。

①、
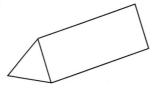

答、_____

②、
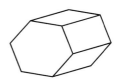

答、_____

③、
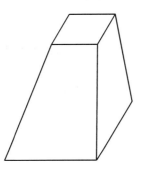

答、_____

④、

答、_____

⑤、
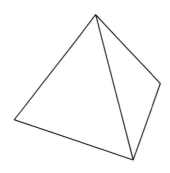

答、_____

⑥、
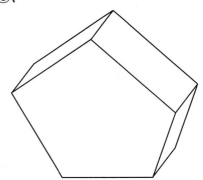

答、_____

## 柱の体積

**例題６、右図のような、底面が直角三角形の三角柱の体積を求めましょう。**

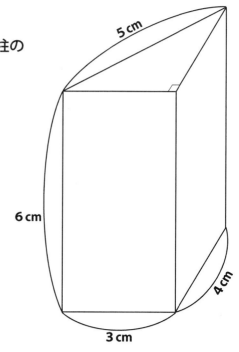

その前に、四角柱（直方体）の体積の求め方を、もう一度確認しておきます。

たとえば、下のような四角柱（直方体）の体積を求めてみます。

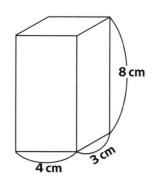

四角柱（直方体）の体積は　**よこ×たて×高さ**　で求められますので

　　$4 \times 3 \times 8 = 96$ ㎤　です。

この式において、「４×３」の部分は底面の長方形の面積に相当します。

$$\underset{\uparrow\text{底面の長方形の面積}}{4 \times 3} \times \overset{\downarrow\text{四角柱の高さ}}{\underline{8}} = 96 \text{㎤}$$

ですから、この式は　**底面の長方形の面積×立体の高さ**　と言いかえることができるのです。これはどのような「…柱」の体積を求める場合にも成り立ちます。

底面の長方形の面積は「底面積」と言います。
立体の高さは「高さ」とだけ言いましょう。

## 「○○柱」の体積＝底面積×高さ

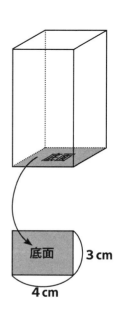

## 柱の体積

例題6の三角柱の場合も **底面積×高さ** で体積が求められます。

底面は直角三角形ですので、

$3 \times 4 \div 2 = 6 \text{cm}^2$　…底面積

三角柱の高さは6cmですので

$6 \text{cm}^2 \times 6 \text{cm} = 36 \text{cm}^3$

答、＿＿36cm³＿＿

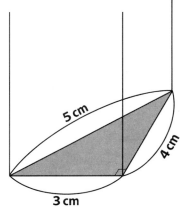

例題7、右図のような、円柱の体積を求めましょう。

底面は円です。円の面積＝半径×半径×円周率（3.14）

$4 \times 4 \times 3.14 = 50.24 \text{cm}^2$　…底面積

円柱の高さは8cmですので

$50.24 \text{cm}^2 \times 8 \text{cm} = 401.92 \text{cm}^3$

答、＿＿401.92cm³＿＿

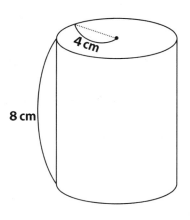

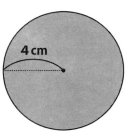

## 柱の体積＝底面積×（柱の）高さ

## 柱の体積

問題5、それぞれ体積を求めましょう。（円周率は3.14とする）

① 角は全て90°
　式

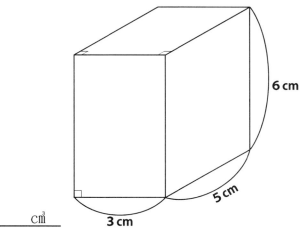

　　　　　答、＿＿＿＿＿cm³

② 直角二等辺三角形の三角柱
　式

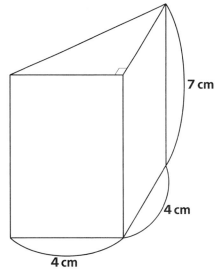

　　　　　答、＿＿＿＿＿cm³

③ 円柱
　式

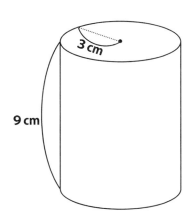

　　　　　答、＿＿＿＿＿cm³

## 柱の体積

④ 底面が台形の四角柱
　式

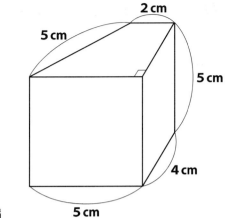

答、＿＿＿＿＿＿cm³

⑤ 直方体に、直径2cmの円柱の穴があいている
　式

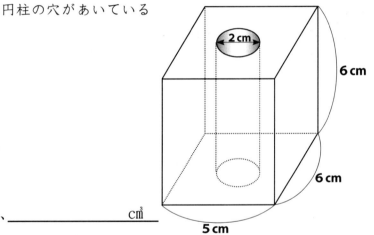

答、＿＿＿＿＿＿cm³

⑥ 三角柱
　式

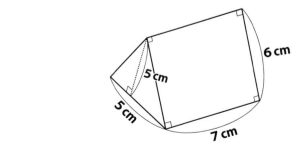

答、＿＿＿＿＿＿cm³

# 柱の体積

⑦ 角は全て９０°
式

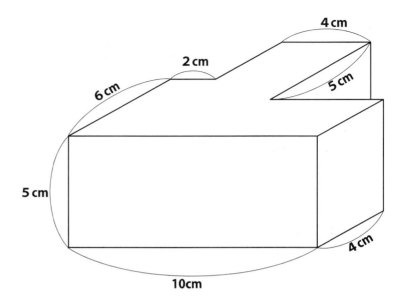

答、＿＿＿＿＿cm³

⑧ 底面が不規則な形の柱形
式

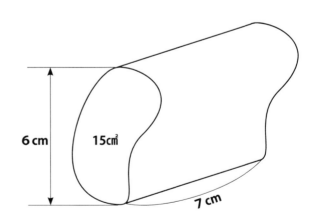

答、＿＿＿＿＿cm³

## 柱の体積

例題8、右図のような、上面の面積＝20㎠、右面の面積＝24㎠、体積＝120㎤の直方体の、各辺の長さを求めましょう。

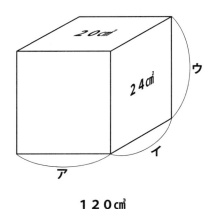

直方体は四角柱の一つですので、
　　**体積＝底面積×高さ**　です。

右面を底面とすると「ア」が高さにあたります。
　　120㎤ ＝ 24㎠×ア
　　　　ア ＝ 120÷24
　　　　　 ＝ 5cm

上面を底面とすると「ウ」が高さにあたります。
　　120㎤ ＝ 20㎠×ウ
　　　　ウ ＝ 120÷20
　　　　　 ＝ 6cm

上面の面積は　ア×イ　なので
　　20㎠ ＝ 5cm×イ
　　　イ ＝ 20÷5
　　　　 ＝ 4cm

　　　　　　　　　答、ア　5cm、イ　4cm、ウ　6cm


柱の体積＝底面積×高さ　を使って解きます。

　直方体は、どの面を底面と考えるか、3通りの方法があり、それぞれ高さに相当する辺の位置が異なるので、よく見て、よく考えましょう。

## 柱の体積

問題6、次のそれぞれの長さを求めましょう。（円周率は3.14とする）

① 直方体の「ア」の長さ
   式

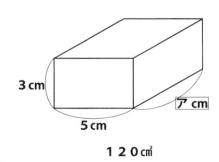

答、ア＿＿＿＿＿cm

② 底面が直角三角形の三角柱の「イ」の長さ
   式

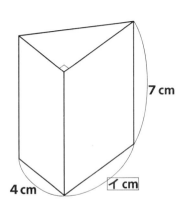

答、イ＿＿＿＿＿cm

③ 円柱の高さ「ウ」
   式

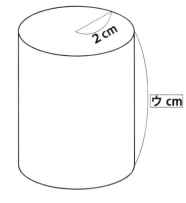

答、ウ＿＿＿＿＿cm

## 柱の体積

④ 直方体の「エ」「オ」の長さ
　式

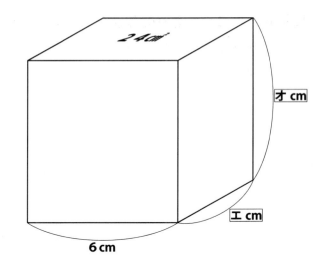

168cm³

答、エ　　　　cm、オ　　　　cm

⑤ 直方体の「カ」「キ」「ク」の長さ
　式

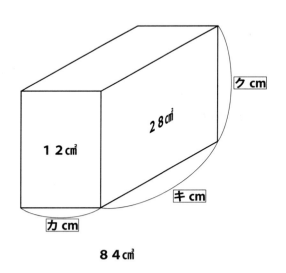

84cm³

答、カ　　　　cm、キ　　　　cm、ク　　　　cm

# テスト2　柱の体積のテスト

テスト2-1、それぞれ体積を求めましょう。
（円周率は3.14とする）

① 角は全て90°（10点）
式

答、_____ cm³

② 直角二等辺三角形の三角柱（10点）
式

答、_____ cm³

③ 円柱（10点）
式

答、_____ cm³

# テスト2　柱の体積のテスト

④　底面が台形の四角柱（10点）
式

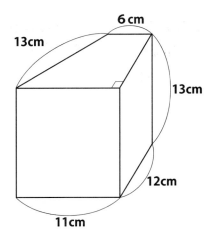

答、＿＿＿＿＿＿＿＿cm³

⑤　直方体に、直径4cmの円柱の穴があいている（15点）
式

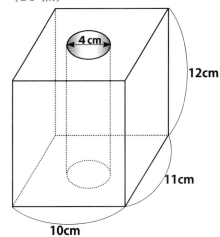

答、＿＿＿＿＿＿＿＿cm³

⑥　（15点）
式

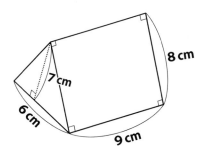

答、＿＿＿＿＿＿＿＿cm³

# テスト2　柱の体積のテスト

⑦　（15点）
式

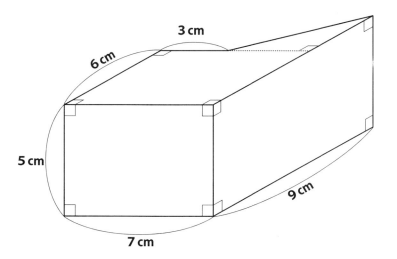

答、_____ cm³

⑧　底面が不規則な形の柱形（15点）
式

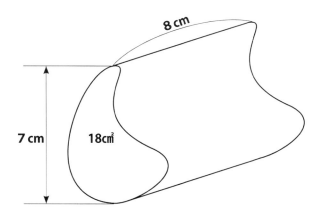

答、_____ cm³

# テスト2　柱の体積のテスト

**テスト2－2、次のそれぞれの長さを求めましょう。**
　（円周率は3.14とする）

① 直方体の「ア」の長さ（15点）
　式

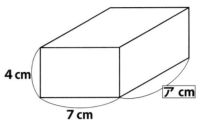
252㎤

答、ア_____ cm

② 底面が直角三角形の三角柱の「イ」の長さ（15点）
　式

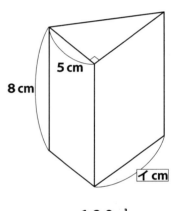
120㎤

答、イ_____ cm

③ 円柱の高さ「ウ」（15点）
　式

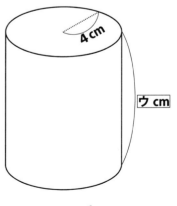
452.16㎤

答、ウ_____ cm

# テスト２　柱の体積のテスト

④　直方体の「エ」「オ」の長さ（１１点×２）
　　式

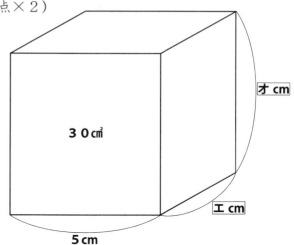

答、エ　　　　　cm、オ　　　　　cm

⑤　直方体の「カ」「キ」「ク」の長さ（１１点×３）
　　式

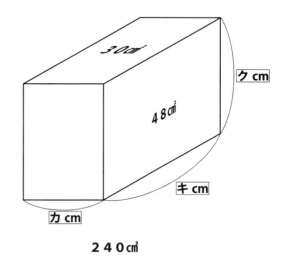

答、カ　　　　　cm、キ　　　　　cm、ク　　　　　cm

# 錐の体積

★下の図のような形を、それぞれ「○○錐」とよびます。

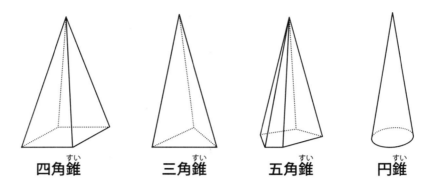

ぞれぞれ ■ の部分を「底面」とよび、「底面」の形から「○○錐」とよびます。

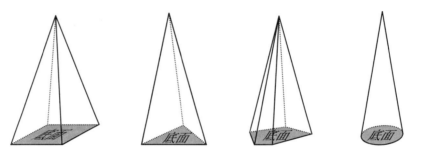

底面が四角形なら「四角錐」、三角形なら「三角錐」、円なら「円錐」となります。

問題7、次のそれぞれの形が、「○○錐」ならその名前を書き、「○○錐」でないなら、×印を書きましょう。

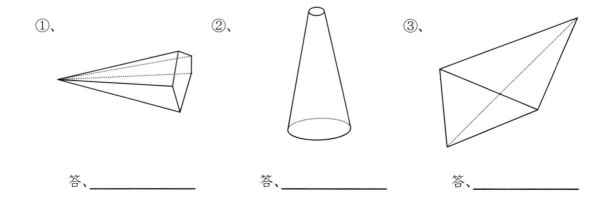

① 答、＿＿＿＿＿

② 答、＿＿＿＿＿

③ 答、＿＿＿＿＿

# 錐の体積

★「○○錐」の体積は「○○柱」の体積の３分の１になります。

　三角錐でも四角錐でも円錐でも、どんな錐でも「錐は柱の３分の１」になるということの証明は、とてもむずかしいので、ここではできません。ですから「錐は柱の３分の１」になるということだけ、覚えてしまいましょう。

　ある特殊な錐のいくつかについては、「錐は柱の３分の１」になることを証明できます。例を下に書いておきますので、興味のある人は、読んでみてください。むずかしいと思う人は、とばしてもかまいません。

　右図のような、底面が直角二等辺三角形の三角柱を考えます。
　この体積は、「底面積×高さ」ですので
　　６×６÷２×６＝１０８㎤　　です。
　この三角柱を、下の図のように３つに分割します。すると、全く同じ形、同じ大きさ（合同）の３つに分けることができます。

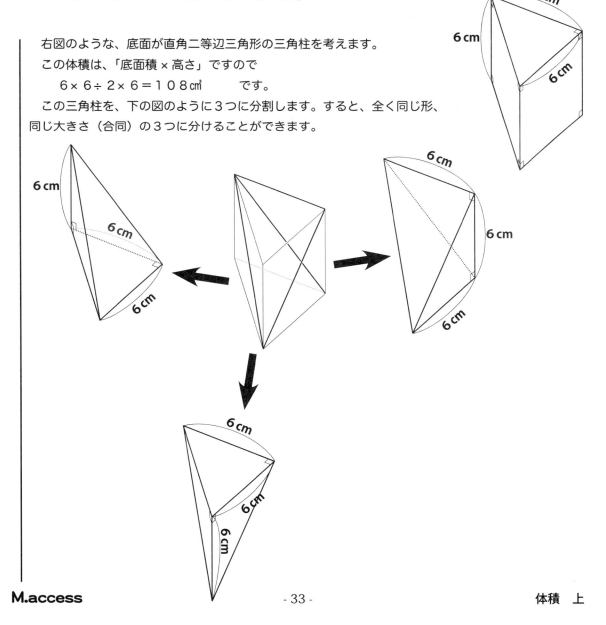

## 錐の体積

> この３つの形は、全く同じ形、同じ大きさ（合同）ですので、体積も等しくなります。
> 三角柱の体積は１０８cm³ですので、分けた３つの形は、それぞれ
> 　　１０８÷３＝３６cm³　　となります。
> 分けた３つの形は、底面の２つの斜辺（たてと横）が６cm の三角錐です。これら三角錐は、ちょうど３つ合わせて同じ底面の三角柱になるから、三角錐は三角柱の体積の３分の１だと分かります。
> どんな「錐」も同じ底面積の「柱」の体積の３分の１になることの証明は、高校生で習います。

「〇〇錐」の体積の求め方（公式）

$$「〇〇錐」の体積＝底面積×高さ÷3$$

分数の四則計算のできる人は

$$「〇〇錐」の体積＝底面積×高さ×\frac{1}{3}$$

で、覚えておきましょう。

　ここで言う「高さ」とは、錐の頂点から底面積へ垂直（９０°）に下ろした直線の長さのことです。三角形の面積を求める公式「三角形の面積＝底辺×高さ」の時の「高さ」が、底辺と垂直な直線で考えたのと同じです。

　下の底面が等しい３つの円錐は、全て高さが等しく、すなわち体積も等しくなります。

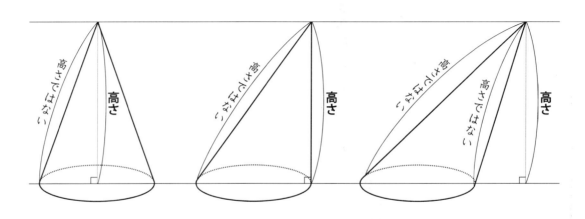

# 錐の体積

例題9、右図のような、底面が長方形の四角錐の体積を求めましょう。

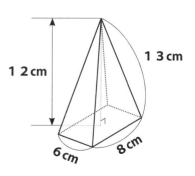

底面はよこ6cm、たて8cmの長方形です。底面積は

6cm×8cm＝48㎠

錐の体積は　底面積×高さ÷3　でしたね。**高さは「底面から垂直の部分」で考えます。**（三角形の面積を求める場合の　底辺と高さの関係　と同じ）

ですからこの四角錐の高さは12cmです。13cmの辺の部分は、計算に必要ありません。

求める体積は

48㎠×12cm÷3＝192㎤　　　　　　答、＿192㎤＿

## 問題8、それぞれ図のような錐の体積、辺の長さを求めましょう。
（円周率は3.14とする）

① 底面は正方形

式

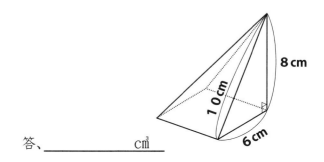

答、＿＿＿＿＿＿㎤＿

② 底面は直角三角形

式

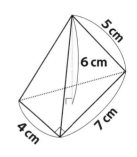

答、＿＿＿＿＿＿㎤＿

# 錐の体積

③　底面は円
　　式

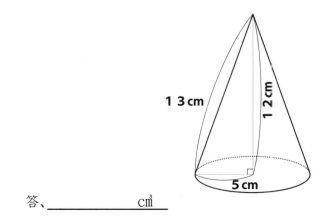

　　　　　　　　答、_____ cm³

④　底面は八角形で、向かい合う４組の辺はそれぞれ平行。
　　式

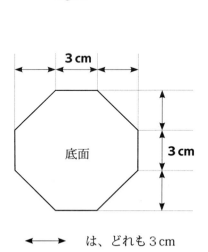

←→ は、どれも3cm

　　　　　　　　答、_____ cm³

# 錐の体積

⑤

式

答、_____ cm³

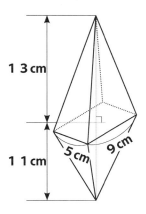

⑥ 円錐から円錐を切り取ったもの（円錐台）

式

答、_____ cm³

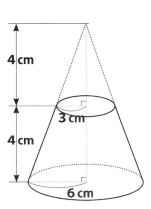

⑦ 「ア」の長さを求めましょう。底面は長方形。

式

答、_____ cm

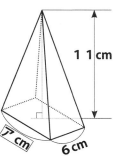

176cm³

# テスト3　錐の体積のテスト

テスト3、それぞれ図のような錐の体積、辺の長さを求めましょう。（円周率は3.14とする）

① 底面は長方形。（8点）
式

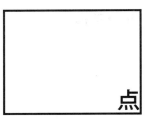

答、＿＿＿＿＿cm³

② 底面は正方形。（8点）
式

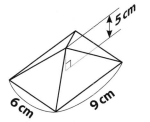

答、＿＿＿＿＿cm³

③ 底面は台形。（8点）
式

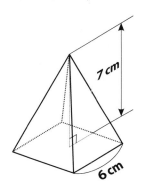

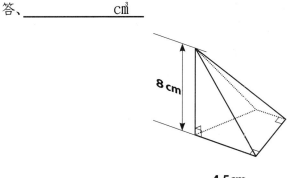

答、＿＿＿＿＿cm³

# テスト3　錐の体積のテスト

④　底面は直角三角形。　（8点）
式

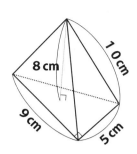

答、＿＿＿＿＿＿＿cm³

⑤　底面は円。　（8点）
式

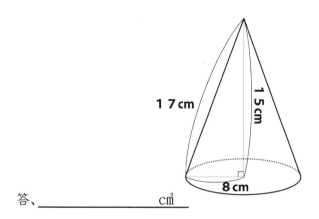

答、＿＿＿＿＿＿＿cm³

⑥　底面は六角形。各辺の長さは5cm。向かい合う3組の辺は、それぞれ平行。　（10点）
式

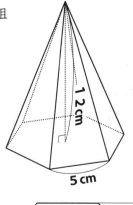

答、＿＿＿＿＿＿＿cm³

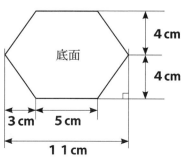

# テスト3　錐の体積のテスト

⑦　（10点）

式

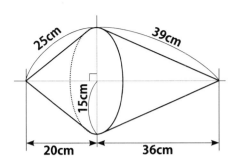

答、＿＿＿＿＿＿＿＿cm³

⑧　四角錐から四角錐を切り取ったもの。上の面と下の面は平行。底面は台形。

（10点）

式

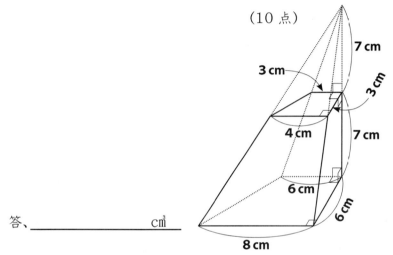

答、＿＿＿＿＿＿＿＿cm³

⑨　Aの方向から見た直角三角形の面の面積は12cm²、Bの方向からみた直角三角形の面の面積は15cm²、この三角錐の体積は20cm³。　（10点×3）

式

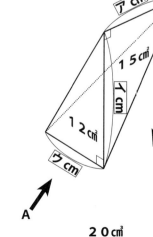

答、ア＿＿＿＿cm、イ＿＿＿＿cm、ウ＿＿＿＿cm

# 解　答　解き方は一例です

**P 6**
**問題1**
① $4×2×2=16$　①、__16㎤__　　② $1×2×5=10$　②、__10㎤__
③ $5×2×3=30$　③、__30㎤__　　④ $3×3×4=36$　④、__36㎤__

**P 8**
**問題2**
① $3×2×3=18$　　　② $6×1×1=6$
　 $2×2×1=4$　　　 　$6×1×3=18$
　 $18+4=22$　　　 　$6+18=24$
　　①、__22㎤__　　　　　②、__24㎤__

**P 9**
**問題2**
③ $2×2×2=8$　　　④ $4×3×1=12$
　 $4×2×1=8$　　　 　$12×3=36$（同じ形が3つある）
　 $1×1×4=4$
　 $8+8+4=20$
　　③、__20㎤__　　　　　④、__36㎤__

⑤ $3×3×3=27$　　　⑥ $3×3×3=27$
　 $27-3=24$（穴の部分は3㎤）　　$27-5=22$（穴の部分は5㎤）
　　⑤、__24㎤__　　　　　⑥、__22㎤__

**P 11**
**問題3**
① $3×4×5=60$　　② $5×2×9=90$　　③ $8×8×8=512$
　①、__60㎤__　　　②、__90㎤__　　　③、__512㎤__

④ $4×3×2=24$　　　⑤ $8×2×4=64$
　 $(7-4)×3×5=45$　　$8×5×6=240$
　 $24+45=69$　　　 　$64+240=304$
　　④、__69㎤__　　　　　⑤、__304㎤__

**P 12**
**問題3**
⑥ $7×8×3=168$　　　⑦ $8×10×8=640$
　 $(7-3)×(8-6)×4=32$　　$5×10×3=150$
　 $168+32=200$　　　 　$640-150=490$
　　⑥、__200㎤__　　　　　⑦、__490㎤__

# 解 答  解き方は一例です

P12
問題3

⑧ A、B、C、Dの4つの部分に区切って考える。
A：5×2×1＝10㎤
B：3＋5＝8cm…あ　8－5＝3cm…い　3×7×1＝21㎤
C：12－(7＋2)＝3cm…う　8×3×1＝24㎤
D：2×12×1＝24㎤
10＋21＋24＋24＝79㎤　　　　　⑧、__79㎤__

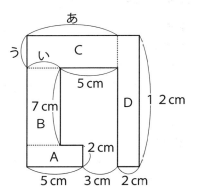

P13
テスト1－1

① 5×3×4＝60
　　①、__60㎤__

② 6×3×2＝36
　　3×3×2＝18
　　36＋18＝54
　　②、__54㎤__

③ 8×3＝24
　　6×3＝18
　　3×3＝9
　　24＋18＋9＝51
　　③、__51㎤__

④ 6×2＝12
　　12＋2＋3＝17
　　④、__17㎤__

P14
テスト1－1

⑤ 4×3×3＝36
　　36－3＝33（穴の部分は3㎤）
　　⑤、__33㎤__

⑥ 3×3×4＝36
　　36－5＝31（穴の部分は5㎤）
　　⑥、__31㎤__

⑦、__12㎤__　（数えましょう）

P15
テスト1－2

① 5×3×8＝120
　　①、__120㎤__

② 9×9×9＝729
　　②、__729㎤__

③ 9×5×3＝135
　　4×5×(6－3)＝60
　　135＋60＝195
　　③、__195㎤__

④ 7×(2＋3)×3＝105
　　7×3×2＝42
　　105＋42＝147
　　④、__147㎤__

# 解答　解き方は一例です

## P16
### テスト1-2

⑤　12×(3+3+3)×3＝324
　　3×3×3＝27…へこんでいる部分
　　4×5×(9-4)＝100
　　324-27+100＝397
　　　　　　⑤、__397㎤__

⑥　(6+2)×(6+2)×6＝384
　　2×2×6＝24
　　384-24×3＝312
　　　　　　⑥、__312㎤__

⑦　3×6×(5+2+4)＝198
　　3×7×2＝42　　3×6×2＝36
　　6×6×2＝72　　(10-3)×6×2＝84
　　198+42+36+72+84＝432
　　　　　　⑦、__432㎤__

## P18
### 問題4

①、__三角柱__　　②、__六角柱__　　③、__×__

④、__×__　　⑤、__×__　　⑥、__五角柱__

## P21
### 問題5

①　3×5×6＝90
　①、__90㎤__

②　4×4÷2×7＝56
　②、__56㎤__

③　3×3×3.14×9＝254.34
　③、__254.34㎤__

## P22
### 問題5

④　(2+5)×4÷2×5＝70
　　　　④、__70㎤__

⑤　(5×6-1×1×3.14)×6＝161.16
　　　底面積
　　　　⑤、__161.16㎤__

⑥　5×5÷2×7＝87.5
　　　　⑥、__87.5㎤__

## P23
### 問題5

⑦　5+4＝9…あ　　10-(2+4)＝4…い
　　(2×6+4×9+4×4)×5＝320
　　　　　　⑦、__320㎤__

⑧　15×7＝105
　　　　⑧、__105㎤__

# 解 答　解き方は一例です

## P25
### 問題6

① 　5×ア×3＝120
　　120÷(5×3)＝8
　　　　　①、ア　8cm

② 底面積×7＝70　　70÷7＝10cm²…底面積
　4×イ÷2＝10　　イ＝10×2÷4＝5
　　　　　②、イ　5cm

③ 2×2×3.14＝12.56…底面積　　12.56×ウ＝100.48
　100.48÷12.56＝8
　　　　　③、ウ　8cm

## P26
### 問題6

④ 6×エ＝24　　24÷6＝4cm…エ
　24×オ＝168　　168÷24＝7cm…オ　　④、エ　4cm、オ　7cm

⑤ 28×カ＝84　　84÷28＝3cm…カ　　12×キ＝84　　84÷12＝7cm…キ
　3×7×ク＝84　　84÷(3×7)＝4…ク　　⑤、カ　3cm、キ　7cm、ク　4cm

## P27
### テスト2－1

① 4×6×7＝168　　② 5×6÷2×8＝120
　①、168cm³　　　　②、120cm³

③ 2×2×3.14×7＝87.92
　　　③、87.92cm³

## P28
### テスト2－1

④ (6＋11)×12÷2×13＝1326　　④、1326cm³

⑤ (10×11－2×2×3.14)×12＝1169.28　　⑤、1169.28cm³
　　　底面積

⑥ 6×7÷2×9＝189　　⑥、189cm³

## P29
### テスト2－1

⑦ 6×7 ＋ (7－3)×(9－6)÷2 ＝48…底面積
　　A　　　　　B
　48×5＝240　　⑦、240cm³

⑧ 18×8＝144　　⑧、144cm³

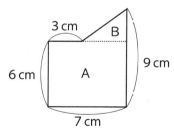

# 解答  解き方は一例です

## P30
### テスト2-2

① 4×7×ア＝252
　252÷(4×7)＝9
　　　①、ア　9cm

② 底面積×8＝120　　120÷8＝15c㎡…底面積
　5×イ÷2＝15　イ＝15×2÷5＝6
　　　　　　　　　　　②、イ　6cm

③ 4×4×3.14＝50.24…底面積
　50.24×ウ＝452.16
　452.16÷50.24＝9
　　　　　　　　　　　③、ウ　9cm

## P31
### テスト2-2

④ 30×エ＝150　　150÷30＝5cm…エ
　5×オ＝30　　30÷5＝6cm…オ　④、エ　5cm、オ　6cm

⑤ 48×カ＝240　240÷48＝5cm…カ　　30×ク＝240　240÷30＝8cm…ク
　ク×キ＝48　　8×キ＝48　　48÷8＝6…キ　⑤、カ　5cm、キ　6cm、ク　8cm

## P32
### 問題7
①、五角錐　　②、×（円錐の一部で、円錐台という）　　③、三角錐

## P35
### 問題8（下線部は底面積）

① <u>6×6</u>×8÷3＝96　　①、96c㎥　　② <u>4×7÷2</u>×6÷3＝28　　②、28c㎥

## P36
### 問題8

③ <u>5×5×3.14</u>×12÷3＝314
　　　　　　　③、314c㎥

④ <u>(3×3＋6×9)</u>×10÷3＝210
　　　　　　　④、210c㎥

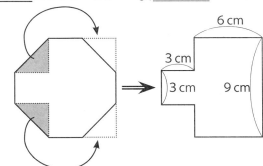

## P37
### 問題8

⑤ <u>5×9</u>×13÷3＋<u>5×9</u>×11÷3＝360　　⑤、360c㎥

⑥ <u>6×6×3.14</u>×(4＋4)÷3＝301.44…大円錐
　<u>3×3×3.14</u>×4÷3＝37.68…小円錐
　301.44－37.68＝263.76　　⑥、263.76c㎥

# 解　答　解き方は一例です

P37

問題8（下線部は底面積）

⑦　6×ア×11÷3＝176
　　ア＝176×3÷11÷6＝8　　⑦、 8cm

P38

テスト3（下線部は底面積）

①　6×9×5÷3＝90　　①、 90㎤

②　6×6×7÷3＝84　　②、 84㎤

③　(4.5＋7.5)×4÷2×8÷3＝64　　③、 64㎤

P39

テスト3

④　9×5÷2×8÷3＝60
　　　　　　　　　④、 60㎤

⑤　8×8×3.14×15÷3＝1004.8
　　　　　　　　　⑤、 1004.8㎤

⑥　8×8×12÷3＝256
　　　　　　　　　⑥、 256㎤

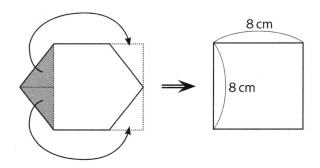

P40

テスト3

⑦　15×15×3.14×20÷3＋15×15×3.14×36÷3＝13188
　　　　　　　　　　　　　　　　⑦、 13188㎤

⑧　(6＋8)×6÷2×(7＋7)÷3＝196…大きな四角錐
　　(3＋4)×3÷2×7÷3＝24.5…小さな四角錐
　　196－24.5＝171.5　　⑧、 171.5㎤

⑨　12×ア÷3＝20　　20×3÷12＝5cm…ア
　　ア×イ÷2＝15　　5×イ÷2＝15　　15×2÷5＝6cm…イ
　　15×ウ÷3＝20　　20×3÷15＝4cm…ウ
　　　　　　　　⑨、 ア 5cm、イ 6cm、ウ 4cm

## M.acceess　学びの理念

☆**学びたいという気持ちが大切です**
　勉強を強制されていると感じているのではなく、心から学びたいと思っていることが、子どもを伸ばします。

☆**意味を理解し納得する事が学びです**
　たとえば、公式を丸暗記して当てはめて解くのは正しい姿勢ではありません。意味を理解し納得するまで考えることが本当の学習です。

☆**学びには生きた経験が必要です**
　家の手伝い、スポーツ、友人関係、近所付き合いや学校生活もしっかりできて、「学び」の姿勢は育ちます。
　生きた経験を伴いながら、学びたいという心を持ち、意味を理解、納得する学習をすれば、負担を感じるほどの多くの問題をこなさずとも、子どもたちはそれぞれの目標を達成することができます。

### 発刊のことば

　「生きてゆく」ということは、道のない道を歩いて行くようなものです。「答」のない問題を解くようなものです。今まで人はみんなそれぞれ道のない道を歩き、「答」のない問題を解いてきました。

　子どもたちの未来にも、定まった「答」はありません。もちろん「解き方」や「公式」もありません。
　私たちの後を継いで世界の明日を支えてゆく彼らにもっとも必要な、そして今、社会でもっとも求められている力は、この「解き方」も「公式」も「答」すらもない問題を解いてゆく力ではないでしょうか。

　人間のはるかに及ばない、素晴らしい速さで計算を行うコンピューターでさえ、「解き方」のない問題を解く力はありません。特にこれからの人間に求められているのは、「解き方」も「公式」も「答」もない問題を解いてゆく力であると、私たちは確信しています。

　M.accessの教材が、これからの社会を支え、新しい世界を創造してゆく子どもたちの成長に、少しでも役立つことを願ってやみません。

---

思考力算数練習帳シリーズ46
体積 上　新装版　小数範囲　　（内容は旧版と同じものです）

新装版　第1刷
編集者　M.access（エム・アクセス）
発行所　株式会社　認知工学
〒604-8155　京都市中京区錦小路烏丸西入ル占出山町308
電話　（075）256-7723　　email：ninchi@sch.jp
郵便振替　01080-9-19362　株式会社認知工学

ISBN978-4-86712-146-7　C-6341　　A46020124H　M

定価＝ 本体600円 ＋税

ISBN978-4-86712-146-7　C6341　¥600E

定価：本体６００円＋消費税

 認知工学

## 表紙の解答

★　○○柱の体積は、「底面積×高さ」で求められる。

７cm－３cm＝４cm…□

９cm－６cm＝３cm…△

４cm×３cm÷２＝６cm²
　　…上の三角形の面積

７cm×６cm＝４２cm²
　　…下の長方形の面積

６cm²＋４２cm²＝４８cm²…底面積

４８cm²×５cm＝２４０cm³

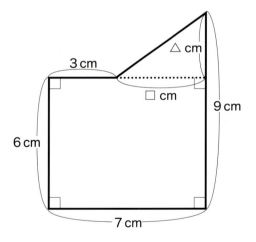

答、２４０cm³